风电工程建设
安全质量作业标准

集电线路土建工程分册

国电投河南新能源有限公司　编

中国电力出版社
CHINA ELECTRIC POWER PRESS

图书在版编目（CIP）数据

风电工程建设安全质量作业标准. 5，集电线路土建工程分册 / 国电投河南新能源有限公司编. —北京：中国电力出版社，2020.11
　ISBN 978-7-5198-4907-8

　Ⅰ．①风…　Ⅱ．①国…　Ⅲ．①风力发电－输电线路－工程施工－安全生产－质量标准－中国　Ⅳ．①TM614-65

　中国版本图书馆 CIP 数据核字（2020）第 156947 号

出版发行：中国电力出版社
地　　址：北京市东城区北京站西街 19 号（邮政编码 100005）
网　　址：http://www.cepp.sgcc.com.cn
责任编辑：赵鸣志（zhaomz@126.com）
责任校对：黄　蓓　常燕昆
装帧设计：赵姗姗
责任印制：吴　迪

印　　刷：北京天宇星印刷厂
版　　次：2020 年 11 月第一版
印　　次：2020 年 11 月北京第一次印刷
开　　本：787 毫米×1092 毫米　16 开本
印　　张：1.25
字　　数：20 千字
印　　数：0001—1500 册
定　　价：78.00 元（全六册）

《风电工程建设安全质量作业标准》
编写委员会

知识产权声明

本文件的知识产权属国电投河南新能源有限公司及相关产权人所有，并含有其保密信息。对本文件的使用及处置应严格遵循获取本文件的合同及约定的条件和要求。未经国电投河南新能源有限公司事先书面同意，不得对外披露、复制。

前　　言

为规范国电投河南新能源有限公司全资和控股的新建、扩建陆上风力发电工程建设质量管理工作，明确质量要求，提升施工工艺质量标准，特编制本标准。

本标准由河南新能源工程建设中心组织编制并归口管理。

本标准主编单位：国电投河南新能源有限公司。

本标准主要编写人：崔海飞。

本标准主要审查人：邓随芳、孙程飞。

目　　录

编号	工艺名称	工艺流程	工艺标准及施工要点	验收标准	安全要点
1	电力电缆线路工程	1. 施工准备 2. 电缆沟开挖 3. 铺砂 4. 电缆敷设 5. 铺砂盖砖 6. 回填土 7. 埋标志桩	（1）施工准备：电缆应具有出厂合格证、试验报告等质量证明文件。施工前应对电缆进行详细检查。电缆的规格、型号、截面、电压等级、长度等均符合设计要求。电缆外观完好无损，销装无锈蚀、无机械损伤、无明显皱褶和扭曲现象。电缆外护套及绝缘层无老化及裂纹。 （2）电缆沟开挖。 1）通过现场勘查，了解电缆所经地区的管线或障碍物的情况，并在适当位置进行样沟的开挖，开挖深度应大于电缆埋设深度。按电缆设计路径开挖沟槽，开挖深度应满足设计要求，电缆表面距离地面不应小于0.7m。 2）沟槽底部遇到树根、块石等杂物应清除干净；开挖完毕，注意做好排水及防范雨水灌槽。在寒冷地区施工，开挖深度还应满足电缆敷设于冻土层之下，或采取穿管等特殊措施。 （3）铺砂：电缆下面覆盖厚度为10cm的砂土或软土。铺砂宽度应超过电缆两侧5cm。 （4）电缆敷设。 1）电缆与电缆相互净距不小于250mm，电缆与光缆之间的距离不小于250mm，光缆之间的距离不小于50mm，电缆或光缆距离沟壁的最小距离不小于100mm。 2）电缆敷设时，电缆应从电缆盘的上端引出，不应使电缆在地面上摩擦拖拉。 3）电缆在转弯处敷设时，必须满足电缆的转弯半径要求。电缆排列整齐，弯曲一致，电缆同路径顺行敷设时电缆在转弯处不应出现交叉。 4）电缆敷设前，在线盘、转角处使用专用转弯机具，将电缆盘、牵引机和滚轮等布置在适当的位置，电缆盘应有刹车装置。电缆应有牵引头，机械敷设时，应在牵引头或钢丝网套与牵引钢丝绳之间安装防捻器。牵引强度符合验收规范中的要求，机械敷设电缆速度不宜超过15m/min，在电缆牵引头、电缆盘、牵引机、过路管口、转弯处及可能造成电缆损伤处应采取保护措施，有专人监护并保持通信畅通。	（1）《电气装置安装工程电缆线路施工及验收规范》（GB 50170）。 （2）《电气装置安装工程质量检验及评定规程（DL/T 5161.1/DL/T 5161.17）》	（1）电缆沟开挖应做好安全防护和安全提示，严防坠落。 （2）施工过程中相关的边坡坡率、边坡防护、排水沟设置等应严格按照相关规范执行。 （3）严格按照项目水土保持方案及其批复的要求，结合项目道路工程施工图纸，将施工过程中产生的弃方运至指定的弃渣场，弃渣场按照"先拦后弃"的原则集中堆放，及时恢复植被。 （4）严禁将产生的弃方随意倾倒于山洞或道路下边坡，防止滑坡、泥石流等次生灾害的发生

编号	工艺名称	工艺流程	工艺标准及施工要点	验收标准	安全要点
1	电力电缆线路工程		5) 电缆敷设经过的路径坡度超过 30°时，采用固定装置进行固定。冬季敷设电缆，温度达不到规范要求时，应将电缆提前加温。并列电缆的接头位置宜相互错开，且净距不宜小于 0.5m。 (5) 铺砂盖砖：电缆上面与电缆下面相同，覆盖厚度为 10cm 的砂土或软土，然后用砖或电缆盖板将电缆盖好，覆盖宽度应超过电缆两侧 5cm。 (6) 回填土：回填土的土质要对电缆外护套无腐蚀性，回填土应及时并分层夯实。 (7) 埋标志桩：直埋电缆在直线段每隔 50～100m 处，以及电缆接头、转弯、进入建筑物等处应设置明显的电缆标志桩。标志桩应牢固，标志应清晰		
2	开挖式基础工程	1. 线路复测 2. 分坑 3. 开挖 4. 钢筋绑扎 5. 安装模板 6. 地脚螺栓或插入式角钢安装 7. 混凝土浇筑 8. 养护拆模及回填	(1) 线路复测：测量用的仪器及量具在使用前应进行检查。档距复测宜采用全站仪或卫星定位施测。施测时，应以设计提供的坐标值为依据进行检验或校核。分坑测量前应依据设计提供的数据复核设计给定的杆塔中，并应以此作为测量的基准。 (2) 分坑：根据设计要求在分坑前或分坑后进行降基处理、基面平整。分坑要做出明确的挖坑范围，分坑时要注意基础边坡的距离。分坑时应根据杆塔位中心桩的位置设置用于质量控制及施工测量的辅助桩。对于施工中不便于保留的杆塔位中心桩，应在基础外围设置辅助桩，并保留原始记录。 (3) 开挖： 1) 土石方施工应符合设计要求，减少需开挖以外地面的破坏，合理选择弃土的堆放点。杆塔基础施工基面的开挖应以设计图纸为准，按不同地质条件确定开挖边坡。基面开挖后应无积水，边坡应无坍塌。基坑开挖时，应保护好杆塔中心桩和复测时所钉的辅助桩，如设计中心桩需挖掉，应保护好补钉中心桩的辅助桩。	(1)《110kV～750kV 架空输电线路施工及验收规范》(GB 50233)。 (2)《建设用砂》(GB/T 14684)。 (3)《建设用卵石、碎石》(GB/T 14685)。 (4)《通用硅酸盐水泥》(GB 175)。 (5)《钢筋焊接及验收规程》(JGJ 18)。 (6)《110kV～750kV 架空输电线路施工质量检验及评定规程》(DL/T 5168)。 (7)《电气装置安装工程 66kV 及以下架空电力线路施工及验收规范》(GB 50173)。 (8)《混凝土强度检验评定标准》(GB/T 50107)	(1) 基坑开挖应做好安全防护和安全提示，严防坠落和塌方，严格按照项目水土保持方案及其批复的要求，结合项目道路工程施工图纸，将施工过程中产生的弃方运至指定的弃渣场，弃渣场按照"先拦后弃"的原则集中堆放，及时恢复植被。 (2) 未经许可，任何单位或者个人不得从事爆破作业活动。爆破作业单位实施爆破项目前，应按规定办理审批手续，批准后方可实施爆破作业。 (3) 钢筋的切断、调直、焊接，必须严格执行机械安全操作规程

编号	工艺名称	工艺流程	工艺标准及施工要点	验收标准	安全要点
2	开挖式基础工程		2）采用机械开挖基坑，距设计深度为300～400mm时，宜改用人工开挖。易积水的杆塔位应在基坑的外围修筑排水沟，防止雨水流入基坑造成坑壁坍塌。土质边坡或易于风化的岩石边坡，在开挖时应采取相应的排水和坡脚护面保护，以确保边坡稳定。 3）将基础控制线引至基坑内，设置好控制桩，并核实其准确性。按照基坑轴线位置，安装混凝土垫层模板，浇灌混凝土垫层。混凝土垫层浇捣应密实、平整，厚度应符合设计要求。混凝土垫层浇筑完毕后，应浇水养护。 （4）钢筋绑扎： 1）钢筋接头以搭接方式为主，双面焊缝，焊接长度为5d（d为钢筋直径），当采用单面焊接时，其焊接长度必须达到10d以上。绑扎或焊接的钢筋笼和钢筋骨架不得有变形、松脱和开焊。 2）钢筋的加工形状、尺寸必须符合设计要求，钢筋表面应洁净、无损伤，油渍、漆污和铁锈等应在使用前清除干净，带有颗粒状或片状的老锈钢筋不得使用。 3）在基坑底部，按几何中心线画出立柱位置尺寸，并应有明显的标志。绑扎一定要固定牢靠，避免在浇筑混凝土时钢筋移动造成立柱轴线移位。钢筋绑扎成形后，要反复核查，配制钢筋的类别、根数、直径和间距应符合图纸规范及设计要求。 （5）安装模板： 1）模板安装前应对其尺寸进行检查，是否符合设计要求，有无变形、裂缝等。 2）模板安装后应仔细检查各部件是否牢固，在浇灌混凝土过程中要经常检查，如发现变形、松动、下沉等现象，要及时修整加固。模板经调整并检查符合要求后，应立即安装固定模板的支撑。施工现场应有可靠的能满足模板安装和检查需用的测量控制点或控制桩。 （6）地脚螺栓或插入式角钢安装：		（4）施工过程中相关的边坡坡率、边坡防护、排水沟设置等应严格按照相关规范执行。严禁将产生的弃方随意倾倒于山涧或道路下边坡，防止滑坡、泥石流等次生灾害的发生。 （5）现场机械设备必须保证一个合闸控制一台机器，一台机器设置一个漏电保护器，所有用电设备必须保证好接地保护。 （6）混凝土振捣时需要两人同时操作，一人操作振动棒，一人看护振动泵及用电情况。 （7）蛙式打夯机必须使用单向开关，操作扶手要采取绝缘措施。蛙式打夯机必须由两人操作，操作人员必须戴绝缘手套并穿绝缘鞋

编号	工艺名称	工艺流程	工艺标准及施工要点	验收标准	安全要点
2	开挖式基础工程		1）地脚螺栓安装：安装前，必须检查地脚螺栓的规格尺寸是否符合设计要求。在现场组装地脚螺栓时，注意每根螺栓的高度应一致，地脚螺栓的根开应与设计要求一致并注意不要变形。质量较轻的地脚螺栓安装时，可用地脚螺栓板将其固定组成一组，待浇制至一定高度以后再放地脚螺栓进行调校。质量较大的地脚螺栓安装时，应在扎筋前先组装好地脚螺栓，并用地脚螺栓板固定好，调校好其高度及本身螺栓的根开，拧紧螺栓，将其吊起以后再进行钢筋绑扎。地脚螺栓安装尺寸调校好以后，应固定并注意在施工过程中不要碰撞，以免影响安装尺寸，基础浇制过程中及浇制完成后，都应注意复核地脚螺栓的安装尺。对于转角塔、终端塔的受压腿和受拉腿，地脚螺栓规格可能不相同，必须核对确认无误后方准安装。 2）插入式角钢安装：安装前，必须坚持插入式角钢的规格尺寸是否符合设计要求。基础插入式角钢的调整及固定采用专用固定架，控制采用双拉杆三点固定法（双调节杆和混凝土垫块固定）。调节杆由角钢（或钢管）、花兰螺栓、防扭螺栓、固定铁板组成，后端与打入地下的角铁桩用螺栓相连，前端与主角钢相连，分别控制主角钢的倾斜率和横线路和顺线路的两个面。角钢安装调校好以后，应固定并注意在施工过程中不要碰撞，以免影响安装尺寸。在浇制过程中，用仪器监视角钢间的相对距离、方向、相对高度及倾斜度必须准确。 （7）混凝土浇筑： 1）混凝土灌筑前首先对模板、钢筋的安装质量进行全面检查。钢筋是隐蔽工程，其检查结果应做好记录，应将模板或基槽内的积水、垃圾和钢筋上的油污、泥土清理干净，模板中的缝隙和孔洞也应予以堵塞。 2）混凝土坍落度应控制在合理范围之内。		

编号	工艺名称	工艺流程	工艺标准及施工要点	验收标准	安全要点
2	开挖式基础工程		3）在混凝土浇灌及振捣过程中，应密切注意模板及支撑木是否有变形、下沉、移动及漏浆等现象，发现后应立即处理。 4）混凝土振捣时，要做到"快插慢拔"。快插，可防止先将表面的混凝土振实，与下面的混凝土发生分层、离析等现象；慢拔，可防止振动棒抽出时形成孔洞。 5）雨天不宜露天搅拌和浇灌混凝土；如果浇灌，必须及时覆盖，防止雨水冲刷和增大水灰比。 6）基础混凝土灌筑完毕后，拆去地脚螺栓丝扣的保护套，再一次检查地脚螺栓的根开和同组地脚螺栓中心对主柱中心的偏移，检查基础根开及对角线尺寸是否符合要求。超出允许误差的，应在混凝土初凝前调整合格并在周围灌浆。 7）方形基础直角棱边容易出现脆裂、表层脱落、棱角损伤等问题，可以采用倒角工艺。 （8）养护拆模及回填： 1）养护、拆模：当气温高于5℃时，基础应经常淋水养护，采取覆膜、浇水、喷淋洒水等措施进行保湿、潮湿养护，次数应保持混凝土基础具有足够的湿润状态。养护初期，水泥反应较快，需水也多，因此要特别注意在灌筑以后几天的养护工作；浇水次数以能保持混凝土具有足够的湿润状态为宜，养护所用的水与浇制水相同。拆模后基础各项尺寸应符合设计要求，棱角应不受损坏，表面应光滑，无麻面、蜂窝、露筋等现象。 2）回填：基坑的回填，应分层夯实，夯实后的耐压力不应低于原状土。凡是要夯实的土壤，在夯实过程中应有次序地沿四周均匀夯实，避免基础移动和倾斜。基础回填土完毕，基础周围场地应平整，如基础位于山坡上，应在基础坑之外离底板边至1m以外的山坡上方侧开挖排水沟，避免基础附近积水。防沉层的上部边宽不得小于坑口边宽，其高度视土质夯实程度确定，一般以300～500mm为宜		

编号	工艺名称	工艺流程	工艺标准及施工要点	验收标准	安全要点
3	灌注桩基础工程	1. 复测、分坑 2. 埋设护筒、钻机就位 3. 造浆 4. 钻进成孔、清孔及检测孔坑 5. 下钢筋笼、设立导管 6. 灌注混凝土、清除浮浆及提护筒 7. 承台或连梁施工	（1）复测分坑： 1）测量用的仪器及量具在使用前应进行检查。档距复测宜采用全站仪或卫星定位施测。施测时，应以设计提供的坐标值为依据进行检验或校核。 2）分坑测量前应依据设计提供的数据复核设计给定的杆塔中心桩，并应以此作为测量的基准。 （2）埋设护筒、钻机就位： 1）埋设护筒。护筒位置应埋设正确，护筒与坑壁之间应用黏土填实。护筒中心与桩位中心偏差不得大于50mm；单桩基础护筒偏差应满足验收规范中整基基础尺寸允许偏差的规定。护筒埋设深度在黏土中不宜小于1m，在砂土中不宜小于1.5m，并保持孔内泥浆面高出地下水位1m以上。受江河水位影响的桩基础工程，应严格控制护筒内外的水位差。 2）钻机就位。钻机就位应符合下列要求：钻机中心与桩基础中心偏差不得大于50mm；钻杆中心偏差应控制在20mm以内。钻机底座下方用道木垫实，钻杆用扶正器固定，确保钻机找正后不发生移动。安装钻机时，应将机台调平，转盘中心应与钻架上吊滑轮在同一垂直线上。 （3）造浆：制浆的性能和技术指标一般由泥浆密度、黏度、含砂率、胶体率四项指标来确定。调制钻孔泥浆时，根据钻孔方法、地质情况及桩本身条件等选用不同泥剪叶性能指标。 （4）钻进成孔、清孔及检测孔坑： 1）为使钻进成孔正直，防止扩大孔径，应使钻头旋转平稳，力求钻杆垂直无偏晃地钻进，即钻杆尽量在受拉状态下工作。在松软土层中钻进，应根据泥浆补给情况控制钻进速度；在硬土层中的钻进速度以钻机不发生跳动为准。当一节钻杆钻完时，应先停止转盘转动，然后吊起钻头至孔底200~300mm，并继续使用反循环系统将孔底沉渣排净，再接钻杆继续钻进。钻杆连接应拧紧牢靠，防止螺栓、螺母、拆卸工具等掉入坑内。钻进过程中	（1）《110kV~750kV架空输电线路施工及验收规范》（GB 50233）。 （2）《建设用砂》（GB/T 14684）。 （3）《建设用卵石、碎石》（GB/T 14685）。 （4）《通用硅酸盐水泥》（GB 175）。 （5）《混凝土结构工程施工质量验收规范》（GB 50204）。 （6）《混凝土强度检验评定标准》（GB/T 50107）。 （7）《建筑桩基技术规范》（JGJ 94）。 （8）《钢筋焊接及验收规程》（JGJ 18）。 （9）《110kV~750kV架空输电线路施工质量检验及评定规程》（DL/T 5168）。 （10）《电气装置安装工程66kV及以下架空电力线路施工及验收规范》（GB 50173）	（1）现场机械设备必须保证一个合闸控制一台机器，一台机器设置一个漏电保护器，所有用电设备必须保证好接地接零保护。 （2）钢筋的切断、调直、焊接，钢筋笼的吊装、起运、安装必须严格执行机械安全操作规程。钢筋切断所用的无齿锯要有安全防护罩，无齿锯前方2m左右要设垂直挡板，以防火星乱飞伤人及碰到易燃物引起火灾。钢筋调直区两侧要设立1.5m高的防护。 （3）现场若是松散易坍塌地层，孔壁不稳定，必须采用静态泥浆护壁钻进，向孔内投入护壁泥浆或稳定液进行护壁，以免造成坍孔事故。

编号	工艺名称	工艺流程	工艺标准及施工要点	验收标准	安全要点
3	灌注桩基础工程		应及时校正钻机钻杆，确保不斜孔。泥浆的黏度应符合设计要求，钻孔内的水位必须高出地下水位1.5m以上。如果发生斜孔、塌孔、护筒周围冒浆，应停钻并采取措施后再继续钻进。 2）成孔后应立即检查成孔质量，并填写施工记录。成孔后尺寸应符合下列规定：孔径的负偏差不得大于50mm；孔垂直度应小于桩长的1%；孔深不应小于设计深度。 3）在一般地质条件下，旋转钻机清孔应优先采用反循环系统。在粉砂层和淤泥地质条件下，才可使用正循环系统清孔。下钢筋笼后，必须进行二次清孔。清孔后须将钻杆稍稍提起使其空转，并启动泥浆循环系统，将孔内沉渣排出。 4）检测坑孔直径是否符合设计要求，坑孔是否存在塌方现象。通过钻杆长度检测坑孔深度。 （5）下钢筋笼、设立导管： 1）钢筋笼在吊装前应进行强度验算，防止钢筋笼变形。吊装钢筋笼进入坑孔内，应避免碰撞护筒和孔壁，吊装安放时应使钢筋笼轴线与桩孔轴线重合。 2）钢筋骨架应符合设计要求，制作允许偏差应符合下列规定：主筋间距允许偏差应为±10mm；钢筋间距允许偏差应为±20mm；钢筋骨架直径允许偏差应为±10mm；钢筋骨架长度允许偏差应为±50mm。 3）钢筋骨架安装前应设置定位钢环、混凝土垫块等保证保护层厚度的措施。钢筋骨架吊装中应避免碰撞孔壁，就位符合设计要求后应随即牢固。当钢筋骨架质量较大、尺寸较长时，应有防止吊装变形的措施。 4）设立导管。导管接头宜用法兰或双螺纹扣快速接头。导管提升时，不得挂住钢筋笼。 （6）灌注混凝土、清除浮浆及提护筒： 1）混凝土初灌量应有足够的混凝土储备量，灌注过程中混凝土浇制不得中断，使导管下端一次埋入混凝土的深度为 0.8～1.2m。		（4）埋设钢护筒时，护筒内径应比桩径大20cm，还需满足孔内泥浆面的高度要求。在护筒周围不宜站人，在护筒埋好后不施工时上面要加盖板，防止人或工具不慎跌入或掉进孔中。 （5）现场吊车及钻机作业时，在吊臂及挖掘臂转动范围内，不得有人走动或进行其他作业。 （6）未经许可，任何单位或个人不得从事爆破作业活动。爆破作业单位实施爆破项目前，应按规定办理审批手续，批准后方可实施爆破作业

编号	工艺名称	工艺流程	工艺标准及施工要点	验收标准	安全要点
3	灌注桩基础工程		2) 提管时，根据灌注桩基础施工规范要求，导管埋入混凝土的深度应保持 2～3m，以 1.5～2m 为宜，严禁导管提出混凝土面。为保证桩顶浇制质量，最后一次浇筑混凝土，应保证反浆层至少有 1.2m 可以破除。 3) 清除浮浆及提护筒。在钢护筒未拔出前，先用人工将桩顶部混浆层挖出，如条件不许可，应立即将钢护筒拔出，待开挖桩基础上部基坑时，再将混浆层清除。 (7) 承台或连梁施工：承台（连梁）施工应在桩基础检测和验收合格后方可进行。桩顶疏松混凝土全部凿去（混凝土强度等级达到设计强度的 70% 以上方可破桩头），如桩顶低于设计标高，则须用同级混凝土接长并达到一定强度，将埋入承台的桩顶部分凿毛，用水和钢刷冲洗干净。模板必须有足够的强度、刚度和稳定性，不得产生变形；模板面应平整光滑、拼缝严密、不漏浆，支撑牢固。安装地脚螺栓要垂直、尺寸准确、固定牢靠。地脚螺栓中心与立柱中心、承台中心三线重合，偏差不大于 10mm，并保证螺栓凸出混凝土立柱面的高度符合设计图纸的要求。复核基础根开符合设计要求，然后浇制		
4	掏挖式基础工程	1. 线路复测及基础分坑 2. 基坑掏挖 3. 基础钢筋制作、安装 4. 混凝土浇筑 5. 养护及回填	(1) 线路复测及基础分坑： 1) 线路复测。测量用的仪器及量具在使用前应进行检查。档距复测宜采用全站仪或卫星定位施测。施测时，应以设计提供的坐标值为依据进行检验或校核。分坑测量前应依据设计提供的数据复核设计给定的杆塔中心桩，并应以此作为测量的基准。 2) 基础分坑。根据设计要求在分坑前或分坑后进行降基处理、基面平整。分坑要做出明确的挖坑范围，分坑时要注意基础边坡的距离。 (2) 基坑掏挖： 1) 根据基坑开挖尺寸先挖出样洞，深度约为 300mm。样洞直径宜比设计的基础尺寸小 30～50mm。样洞挖好后应复测根开、对角线等尺寸，符合设计要求后方能再继续开挖。	(1)《110kV～750kV 架空输电线路施工及验收规范》(GB 50233)。 (2)《建设用砂》(GB/T 14684)。 (3)《建设用卵石、碎石》(GB/T 14685)。 (4)《通用硅酸盐水泥》(GB 175)。 (5)《钢筋焊接及验收规程》(JGJ 18)。 (6)《混凝土结构工程施工质量验收规范》(GB 50204)。 (7)《混凝土强度检验评定标准》(GB/T 50107)。 (8)《110kV～750kV 架空输电线路施工质量检验及评定规程》(DL/T 5168)。	(1) 挖孔较深或有渗水时，应采取孔壁支护及排水、降水等措施，严防坍孔。 (2) 人工掏挖基础，孔深不宜大于 15m。如果桩长大于 15m 且必须采用人工挖孔时，应加强机械通风和安全措施，确保安全。 (3) 施工场内一切电源、电器的安装和拆除，必须由持证电工操作，电器必须严格接地和使用漏电保护器，开关盒及配电箱专用，有防雨盒盖和雨棚，施工现场需配备灭火设施。

编号	工艺名称	工艺流程	工艺标准及施工要点	验收标准	安全要点
4	掏挖式基础工程		2）基坑主柱挖掘过程中为防止超挖，每挖掘进0.5m，在坑中心吊一垂球检查坑位及主柱直径。掏挖基坑的方法以人工掏挖为主，使用凿、钢纤、大锤等工具进行，成孔施工要保证土质的整体性和稳定性，为保证掏挖孔径断面不至于过大，可采取先掏挖后修整的程序。 3）基础主柱开挖深度距设计要求埋深尚有100～200mm时，检查主柱直径正确后，用钢尺在主柱坑壁上量出基础底部掏挖部分位置线。由掏挖位置线下方20～40mm外开始挖掘扩大头部分。 4）基坑开挖至距设计要求埋深尚有约50mm时，在基坑底部钉出基坑中心桩，边挖掘边检查尺寸，直至基坑周边尺寸符合施工图要求。基坑底部应预留50mm暂不挖，待清理基坑时再进行修整。 （3）基础钢筋制作、安装： 1）钢筋接头以搭接方式为主，双面焊缝，焊接长度为5d，当采用单面焊时，其焊接长度必须达到10d以上。绑扎或焊接的钢筋笼和钢筋骨架不得有变形、松脱和开焊。钢筋的加工形状、尺寸必须符合设计要求，钢筋表面应洁净、无损伤，油渍、漆污和铁锈等应在使用前清除干净，带有颗粒状或片状的老锈钢筋不得使用。 2）在基坑底部，按几何中心线画出立柱位置尺寸，并应有明显的标志。绑扎一定要固定牢靠，避免在浇筑混凝土时钢筋移动造成立柱轴线移位。钢筋绑扎成形后，要反复核查，配制钢筋的类别、根数、直径和间距应符合图纸规范及设计要求。 （4）混凝土浇筑： 1）混凝土灌筑前首先对模板、钢筋的安装质量进行全面检查，钢筋是隐蔽工程，其检查结果应做好记录，应将模板或基槽内的积水、垃圾和钢筋上的油污、泥	（9）《电气装置安装工程66kV及以下架空电力线路施工及验收规范》（GB 50173）	（4）开挖复杂的土层时，每挖深0.5～1m应用手钻或不小于φ16钢筋对孔底做品字形探查，探查孔底以下是否有洞穴、涌砂等。确认安全后，方可继续进行挖掘。 （5）认真留意孔内一切动态，如发现流砂、涌水、护壁变形等不良预兆以及有异味气体，应停止作业并迅速撤离。 （6）掏挖时注意顶部及边坡出现大型危石，松土应及时清除，确认无危险时才能继续工作。 （7）孔内凿岩时应采用湿法作业，并加强通风防尘和人身防护。 （8）作业时应戴安全帽、手套，并保证孔下作业人员和孔上人员联络通畅。地面孔周围不得摆放铁锤、锄头、石头和铁棒等附落伤人的物品。 （9）井下人员应注意观察孔壁变化情况。如发现塌落或护壁裂纹现象应及时汇报采取支撑措施。如有险情，应及时发出联络信号，以便迅速撤离，并尽快采取有效措施排除险情。 （10）钢筋的切断、调直、焊接，必须严格执行机械安全操作规程。 （11）蛙式打夯机必须使用单向开关，操作扶手要采取绝缘措施。蛙式打夯机必须由两人操作，操作人员必须戴绝缘手套并穿绝缘鞋

续表

编号	工艺名称	工艺流程	工艺标准及施工要点	验收标准	安全要点
4	掏挖式基础工程		土清理干净，模板中的缝隙和孔洞也应予以堵塞。 2）混凝土坍落度应控制在合理范围之内。在混凝土浇灌及振捣过程中，应密切注意模板及支撑木是否有变形、下沉、移动及漏浆等现象，发现后应立即处理。 3）雨天不宜露天搅拌和浇灌混凝土；如果浇灌，必须及时覆盖，防止雨水冲刷和增大水灰比。 （5）养护及回填： 1）养护。当气温高于5℃时，基础应经常淋水养护，次数应保持混凝土基础具有足够的湿润状态。养护初期，水泥反应较快，需水也多，因此要特别注意在灌筑以后几天的养护工作；浇水次数以能保持混凝土具有足够的湿润状态为宜，养护所用的水与浇制水相同。 2）回填。基坑的回填，应分层夯实，夯实后的耐压力不应低于原状土。凡是要夯实的土壤，在夯实过程中应有次序地沿四周均匀夯实，避免基础移动和倾斜		
5	线路基础设施工程	护坡、挡土墙、排水沟、保护帽施工及现场清理	（1）砌筑用块石尺寸一般不小于250mm，石料应坚硬不易风化且干净，砌筑时保持砌石表面湿润。其余原材料应符合基础工程使用的原材料要求。 （2）护坡砌筑前，底部浮土必须清除，采用坐浆法分层砌筑，铺浆厚度宜为3～5cm，用砂浆填满砌缝，砂浆强度等级应符合设计要求，不得无浆直接贴靠，砌缝内砂浆应采用扁铁插捣密实。 （3）上下层砌石应错缝砌筑，砌体外露面应平整美观，外露面上的砌缝应预留约4cm深的空隙，以备勾缝处理。水平缝宽度应不大于2.5cm，竖缝宽度应不大于4cm。砌筑因故停顿，砂浆已超过初凝时间，应待砂浆强度达到2.5MPa后方可继续施工。在继续砌筑前，应将原砌体表面的浮渣清除，砌筑时应避免振动下层砌体。	（1）《110kV～50kV架空输电线路施工及验收规范》（GB 50233）。 （2）《电气装置安装工程66kV及以下架空电力线路施工及验收规范》（GB 50173）	（1）挡土墙、排水沟开挖应做好安全防护和安全提示，严防坠落和塌方。 （2）配合机械挖土、清底、平地、修坡等作业时，不得在机械回转半径以内作业。 （3）防塌方、滑坡。 1）施工过程中相关的边坡坡率、边坡防护、排水沟设置等应严格按照相关规范执行。 2）严禁将产生的弃土随意倾倒于山涧或道路下边坡，防止滑坡、泥石流等次生灾害的发生。 （4）蛙式打夯机必须使用单向开关，操作扶手采取绝缘措施。蛙式打夯机必须由两人操作，操作人员必须戴绝缘手套并穿绝缘鞋。

编号	工艺名称	工艺流程	工艺标准及施工要点	验收标准	安全要点
5	线路基础设施工程		（4）勾缝前必须清缝，用水冲净并保持槽内湿润，砂浆应分次向缝内填塞密实，勾缝砂浆强度等级应高于砌体砂浆，应按实有砌缝勾平缝，严禁勾假缝、凸缝，砌筑完毕后应保持砌体表面湿润做好养护。 （5）砂浆配合比、工作性能等，应按设计强度等级通过试验确定，施工中应在砌筑现场随机制取试件。护坡、挡土墙按相关要求设置排水孔。 （6）排水沟施工应按施工图进行，山地基础的排水沟一般沿基础的上山坡方向开挖，确保排水顺畅。需浇制的排水沟，混凝土的等级强度应达到设计要求，混凝土浇筑的控制要求和基础施工一致。 （7）保护帽的大小以盖住塔脚板为原则。一般其断面尺寸应超出塔脚板50mm以上，高度超过地脚螺栓50mm以上，建设、设计单位有具体要求的按其要求执行。为使保护帽顶面不积水，顶面应有散水坡度。 （8）现场清理。护坡或挡土墙、排水沟浇制完毕后，应及时清理现场，多余的原材料应妥善处理，尽量恢复原地貌，做好环境保护工作		（5）采用机械碾压时，应遵守压实机械有关安全技术操作规程
6	线路防护标志工程	杆号标志牌、相位标志牌、警告牌等防护标志的施工	（1）标志牌应符合现行有关标准和施工图纸的要求。 （2）严格按照规定对现场施工人员进行有针对性的施工技术交底并形成书面记录。 （3）防护标志牌根据设计要求，应安装在醒目的位置。防护标志牌的安装必须牢固、可靠。防护标志牌的安装需统一、正确	（1）《110kV～750kV架空输电线路施工及验收规范》（GB 50233）。 （2）《电气装置安装工程66kV及以下架空电力线路施工及验收规范》（GB 50173）	施工时注意工器具的位置，以防伤人